El olivo: tradición, cultura y motor económico de nuestra tierra.

Toda la información referente al mundo del olivar, en un solo libro.

Antonio Expósito Castillo

Primera edición: Abril de 2020.

ISBN KDP: 9798635901847.

Copyright © 2020 Antonio Expósito Castillo.

Impreso en la UE – Printed in the EU

Ninguna parte de esta obra puede ser reproducida por algún medio sin el permiso expreso de su autor.
La tinta que utilizamos no lleva cloro y el tipo de papel interior no lleva ácido. Ambos productos los suministra un proveedor certificado por el Consejo de Administración Forestal. (FSC, Forest Stewardship Council). El papel está fabricado con un 30% de material reciclado de residuos.

DEDICATORIA

Dedico este libro a toda mi familia, en concreto, a mi **padre**, Juan Fco. Expósito Montes, un ejemplo de constancia, esfuerzo y dedicación.

ÍNDICE

Agradecimientos... i

1. Historia del cultivo del olivo en España, más concretamente, en la provincia de Jaén... 1

2. Tipos de olivos y aceitunas más representativos/as de España y Jaén... 7

3. El cultivo del olivo: labores agrarias. Maquinaria empleada... 15

    3.1 Enero/ Febrero.

    3.2 Marzo/Abril.

    3.3 Mayo/Junio.

    3.4 Julio/Agosto.

    3.5 Septiembre/Octubre.

    3.6 Noviembre/Diciembre.

4. La extracción del aceite: almazara tradicional y moderna... 24

    4.1 Extracción tradicional.

    4.2 Extracción moderna.

5. Desarrollo sostenible: subproductos de la extracción y tratamiento ecológico... 37

6. Tipología de aceites de oliva.. 43

7. La cata como elemento esencial de clasificación y maridaje.. 48

8. Usos del aceite de oliva.. 55

9. El comercio del aceite; márquetin, divulgación, transporte, publicidad y marcas.. 58

10. Medio ambiente y respeto al entorno: el ecosistema del olivar, un bien a proteger. Cultivo tradicional-ecológico y cultivo masivo.. 64

EL OLIVO: TRADICIÓN, CULTURA Y MOTOR ECONÓMICO DE NUESTRA TIERRA.

AGRADECIMIENTOS

En primer lugar, me gustaría reconocer la labor de todas aquellas personas, medios, instituciones y organizaciones que me han ofrecido todo tipo de información divulgativa. Sin ellos, este proyecto **no** se hubiese completado.

En segundo lugar, quisiera dar las gracias a mi familia. Son un gran ejemplo de apoyo moral.

1. HISTORIA DEL CULTIVO DEL OLIVO EN ESPAÑA.

Más concretamente, en la provincia de Jaén.

Siempre, a lo largo de mi vida, he tenido la curiosidad de saber como el paisaje de nuestra provincia se ha ido convirtiendo a lo largo de los años en este maravilloso  mar verde que conforma las bellas tierras de aceituneros. En resumen, siempre me ha interesado aprender sobre mi entorno, mi tierra.

He podido investigar y me he dado cuenta de que podemos encontrar diferentes teorías que justifican el origen de nuestro querido oro líquido. Hay algunas voces que relatan como el origen de este rico manjar se encuentra en las costas de Siria, Líbano e Israel. Esto también justificaría, según expertos, la llegada de esta especie al viejo continente por medido de los llamados Fenicios, en tránsito por Chipre, Creta, las islas del Mar Egeo, Grecia y más tarde, Italia.

Tras estos hechos, la popularidad del cultivo del olivo empieza a fomentarse en las civilizaciones: Fenicia, Asiria, Judía, Egipcia y Griega, así como en otras culturas menos trabajadas y observadas del mediterráneo.

Pero... ¿Cómo se fomentó el cultivo del olivo aquí, en nuestras tierras?

Las primeras señas, nos indican que el cultivo del olivo fue introducido en nuestras tierras mediante vía marítima, gracias a las rutas comerciales de los Fenicios. Su cultivo, fue aumentando debido a las relaciones económicas de este pueblo con Grecia. Sin embargo, hasta el 206 av., después de que la península fuera ocupada por el pueblo romano, la producción y uso del olivar no comenzaría a cobrar tanta importancia.

EL OLIVO: TRADICIÓN, CULTURA Y MOTOR ECONÓMICO DE NUESTRA TIERRA.

El escritor y poeta Georges Duhamel, comenta: **"El mediterráneo acaba donde el olivo deja de crecer"** Vamos a darle un poco de forma a esta afirmación y para ello nos debemos remontar a tiempos en los que la península ibérica estaba ocupada por el imperio romano (ya mencionado), en concreto, podríamos señalar la provincia baética, ubicada en la actual Andalucía como la zona en la que más aceite se producía.

Resalto como anteriormente he mencionado, al Impero Romano pues, durante la estancia de este en la P. Ibérica, la producción de aceite de oliva se incrementó de forma considerable. Personalmente, he quedado sorprendido al darme cuenta de que, en estos tiempos también se utilizaban instrumentos para la extracción del aceite de oliva, entre ellos puede destacar la **molea oleraria**, un rudimentario molino de aceite, que era zarandeado por animales.

Otro elemento histórico que podríamos remarcar es el hecho de que, este rico alimento era demandado por muchos territorios para su comercialización en aquellos tiempos, para contar con él, estos debían establecer un periodo de paz con Roma.

En resumen, podríamos decir que los romanos aportaron nuevos conocimientos y mejoraron las técnicas adquiridas.

Algo que despertó mi curiosidad desde el primer momento fue saber si en nuestra histórica Al- Ándalus, esta especie tuvo su auge. He podido descubrir e investigar y llegado a la conclusión de que, en esta época este producto si que adquirió una gran importancia pues, según numerosas recetas encontradas, el aceite de oliva se empleaba en labores de cocina. También era considerado como ingrediente para elaborar medicina. Todo esto vino ya condicionado debido a que cuando este pueblo llegó a la península, se topó con productivas plantaciones que daban un rendimiento muy alto. Se fomento el monocultivo en la zona sur de nuestra península. Las estructuras donde se trataban las aceitunas y el aceite recibían el nombre de alquerías y campiñas.

EL OLIVO: TRADICIÓN, CULTURA Y MOTOR ECONÓMICO DE NUESTRA TIERRA.

El uso y cultivo del olivar va evolucionando a lo largo de los años. Nos remontamos a la Edad Media, aquí, el aceite de oliva se considera un producto caro. En esta época, ya se empleaba el aceite para cocinar, algo que me ha llamado mucho la atención. También podemos añadir la iluminación de los hogares o la preparación de jabones al repertorio de tareas en las que se utilizaba ya aceite de oliva. Cabe remarcar que, en nuestra tierra, se impulsa aún más el cultivo de esta especie, que poco a poco se va haciendo cada vez más popular. Esta popularidad viene determinada, en gran parte por su alta rentabilidad.

Los siglos, van pasando y nuestras técnicas de plantación del olivar, recolección de la aceituna y elaboración de aceite van evolucionado. Comenzamos a encontrar, cada vez más, instrumentos más complejos y rentables. Jaén, que a lo largo de los siglos se ha situado como epicentro en la producción de aceite y aceitunas es ahora la mayor productora de aceite de oliva en nuestra península, si, nos encontramos en el siglo XIX, y aunque el olivar ha sufrido un ligero bajonazo en su demanda debido la explotación de los denominados como "Aceites vegetales" (Girasol, entre otros) su producción se recuperará en los siguientes siglos, en los que la comunidad internacional volverá a situar a nuestro país, como líder en la producción de este manjar.

Recientemente, la ciudad del Santo Reino, se autoproclamo "Capital Mundial del Aceite de Oliva". Siendo reconocida por muchos como la provincia más olivarera del mundo. Para terminar, me gustaría añadir el hecho de que últimamente, se han producido numerosas manifestaciones a nivel nacional, y en concreto en nuestra provincia relacionadas con el pésimo precio que muchos grupos o colectivos encargados del comercio del aceite y otros productos del campo están pagando a los agricultores.

2. TIPOS DE OLIVOS Y ACEITUNAS MÁS REPRESENTATIVOS/AS DE ESPAÑA Y JAÉN.

Nuestro país, cuenta con una diversa y rica variedad de esta especie tan nuestra, tan mediterránea:
Dependiendo de los condicionantes climáticos y agrónomos de la zona en la que vayamos a cultivar, la productividad puede ser muy buena, o algo más reducida. La resistencia que oponen estas especies a humedades, zonas secas o enfermedades. Han provocado que, tras un extenso proceso de evolución, nos topemos con diferentes variedades de olivos, muy diferentes entre ellos y adaptados a los factores naturales y humanos de la zonas donde estos se encuentran.

Comenzare hablando de aquellos que, en mi humilde opinión, representan y están presentes en la mayor parte del territorio Español *(Exceptuando Andalucía)*:

- **Olivo cornicabra:** Muy presente en Castilla la Mancha. Es la 2ª variedad más común en nuestra  nación *(Aproximadamente 270 mil ha)*. Su cerrilidad le permite adaptarse adecuadamente al clima árido y cálido de la comunidad autónoma ya mencionada. Podríamos añadir una cualidad más: se adapta perfectamente al frío propio del invierno.

- **Olivo Manzanilla Cacereña:** Es una variedad muy arcaica *(S. XV)*. Destaca por producir aceitunas con  un alto grado de versatilidad. Este fruto es satisfactorio por su excelente calidad. Se emplean para producir aceite de oliva o, simplemente, como aceitunas de mesa.

- **Olivo Villalonga:** Muy común en la Comunidad Valenciana (28 *mil ha en esta autonomía).* Sus aceitunas son tempranas, rentables y con propiedades positivas para la recogida mediante vibradores de tronco o paraguas.

- **Olivo Arbequina:** Variedad que se ajusta de manera excelente a los requisitos del olivar en seto. Tiene la capacidad de fructificar cosechas elevadas y persistentes.
Consta con un vigor pequeño. Soporta bien las enfermedades. En los últimos años se ha producido un auge espectacular de sus plantaciones.

- **Olivo Arróniz:** Común en las provincias de Navarra, Álava y La Rioja. Soporte con gran creces al frío y es resistente en zonas secas *(Poca humedad)*.  Su aceituna es de elevado rendimiento y se emplea para la fabricación de oro líquido en las almazaras.

Andalucía, es la autonomía con la superficie olivar más elevada Esta comunidad, dispone de un clima ideal para el cultivo del olivo e históricamente, su población ha sabido tratar y cuidar al olivar de manera especial.

Se cultivan variedades de aceituna para mesa (Hojiblanca, Manzanilla Sevillana, Gordal Sevillana…), siendo mayoritariamente Sevilla, Córdoba y Málaga las principales provincias que la producen.

EL OLIVO: TRADICIÓN, CULTURA Y MOTOR ECONÓMICO DE NUESTRA TIERRA.

Voy a comentar aquellos que, en mi sencilla opinión representan y está presentes en Andalucía, concretamente, en mi querida provincia, Jaén:

- **Olivo Picual:** Variedad de olivo más común en nuestro país *(1 millón de ha)*. Se cultiva de manera mayoritaria en la provincia de Jaén. También se puede encontrar en Córdoba, Granada y Sevilla.

- **Olivo Pajarero:** Recibe este apodo por ser sus aceitunas muy deseadas por el Zorzal. Su zona de cultivo mayoritaria se sitúa en la provincia de Córdoba.

El árbol tarda en entrar en elaboración, pero, en general, es regular y rentable. Su aceituna es de tamaño considerable y alto rendimiento. En la almazara, nos permite obtener aceites de oliva virgen extra de excelente calidad y sabor.

A continuación, destacaré algunas variedades de aceitunas que son más comunes en mis tierras:

➢ **Aceituna Gordal Sevillana:** es una de las variedades de aceituna de mesa más apreciadas. La mayor provincia productora es Sevilla. Este tipo de aceituna destaca por su gran tamaño y se cosechan verdes para mesa. Apenas se usa en producción de aceite de oliva, las aceitunas gordales tienen un rendimiento bajo y escasa estabilidad frente a la oxidación.

➢ **Aceituna Hojiblanca:** 3ª más plantada en nuestro país. *(265 mil ha)* es importante por resistir de manera excepcional a la sequía. Común en la provincia de Córdoba. Utilizado en la elaboración de la aceituna de mesa.

- **Aceituna Manzanilla Sevillana:** Variedad de aceituna de mesa por excelencia. Común en la provincia de Sevilla. Debido a sus excelentes propiedades de aderezo, ha llegado al mercado internacional.

- **Aceituna Picudo:** Variedad rústica de producción elevada. Nos encontramos con un elevado rendimiento graso de las aceitunas. No obstante, tradicionalmente se ha empleado como aceituna de mesa por sus increíbles propiedades. Hoy en día, su destino mayoritario es la almazara, donde da lugar a un aceite virgen extra de sabor exquisito.

- **Aceituna Royal de Cazorla:** Se origina en Jaén *(Sierra de Cazorla)*. Esta variedad disfruta de una importancia creciente en su zona de cultivo, siendo un aceite de oliva particular y delicioso. Destaca por su aroma frutado.

ANTONIO EXPÓSITO CASTILLO

3. EL CULTIVO DEL OLIVO: LABORES AGRARIAS. MAQUINARIA EMPLEADA.

El objetivo del cultivo del olivo es la producción de la mayor cantidad de aceitunas con la calidad óptima para producir aceite o para su consumo en mesa.

El porcentaje de éxito que obtengamos al cultivar estará condicionado a la técnica de plantación y cultivo, sin olvidar que la forma con la que se actúa sobre el olivar a lo largo de la temporada es también muy relevante.

Los cinco pilares base relacionados con el cultivo del olivo son:

1. Poda proporcionada en función de la edad, el estado vegetativo y la variedad.
2. Realización de labores en el suelo.
3. Fertilización del suelo mediante foliar o la utilización de fertilizantes.
4. Controles fitosanitarios.
5. Riego en zonas donde hay poca pluviosidad (lluvia).

A continuación, procedo a nombrar y describir, las labores agrícolas que se realizan en cada época del año:

- **3.1 Enero y Febrero.**

En estas estaciones se encuentra prácticamente finalizada la recolección de la aceituna. En esta época se realizan labores de poda del olivar y de colocación de la estructura del árbol para la próxima producción de aceituna.

La poda es útil para equilibrar las producciones, reparar y restaurar aquellas partes del árbol que se encuentren dañadas. Durante estos meses podemos encontrar los brotes totalmente cerrados e incluso permanecer inalterados hasta bien entrado en febrero, dependiendo del clima que haya en ese año.

Febrero
Esta fase se le conoce como brotadura, comienza a formarse el fruto y las yemas se comienzan a engrosar poco a poco. En estos meses se ven las primeras apariciones de PRAYS (plaga común en el olivo). Se refuerza el abono con nitrógeno para que se produzcan nuevas hojas y los frutos engorden.

- **3.2 Marzo y Abril.**

Marzo

En este mes el olivo se sigue desarrollando para la siguiente recogida. Se suele aportar bastante abono compuesto de nitrógeno, fósforo y potasio.

Pueden aparecer enfermedades como el repilo y debemos aplicar productos a base de cobre. Hay que tener en mente que es común que caigan lluvias de primavera.

Si hablamos de una finca de laboreo, se recomienda labrar el terreno. Si es una finca de no laboreo se pondrá herbicida para evitar que puedan salir mala hierbas por las precipitaciones y la humedad.

Abril

Abril es una etapa muy importante en el desarrollo de la aceituna. Podemos aplicar productos que encajen con la formación y ayuden al cuajado de los frutos, por ejemplo, estimulantes vegetativos y se controlan las plagas a base de insecticidas y fósforo. También se puede mantener el olivar sin tanto producto.

- **3.3 Mayo y Junio.**

Mayo

En este mes comienzan a salir las primeras flores y en algunas podemos observar los estambres. Si se ve mosca en el olivar se debe controlar haciendo uso de foliar, primero estambres. Es habitual en estos meses, si se observa mosca en el olivar, controlarla haciendo uso de foliar, habiendo comprobado que más o menos hay un cuarto de flores abiertas.

Junio

Mes esencial para el desarrollo de las

aceitunas. Teniendo buen cuaje, es la hora de equilibrar todos los nutrientes y aportar la energía que necesiten para el desarrollo del fruto en la parte final.

En las fincas de laboreo se da una vuelta al terreno. A su vez, en fincas de laboreo daremos una segunda vuelta muy beneficiosa para el terreno.

- **3.4 Julio y Agosto.**

Tenemos el fruto a mitad del tamaño final, con el hueso endurecido o en proceso de endurecerse. Hay que tener cuidado con la mosca del olivo porque pica a los frutos en formación.

Se elimina las varetas que se forman en la parte de abajo del tronco del olivo. Se conoce como desvareto, es necesario realizarlo porque las varetas reducen la fuerza con la que la savia llega a las distintas partes del olivo.

Es ideal labrar el terreno en cultivos de laboreo y en los cultivos de no laboreo se recomienda soplar a las hojas que se encuentran debajo de cada olivo para conseguir una cubierta vegetal entre olivos y así evitando una erosión posible con las lluvias.

- **3.5 Septiembre y Octubre.**

El fruto adquiere su tamaño final, da paso al cambio de color y al proceso de maduración. Debido a la cantidad de lluvias de estos meses, la enfermedad del repilo puede llegar otra vez al olivar.

Aumentamos los niveles de potasio en los cultivos para facilitar la maduración de las aceitunas. En fincas de laboreo donde hemos labrado, se pasa el rulo para alcanzar unos terrenos perfectos para la recolección. Dependiendo de las zonas en las que estén las fincas, el uso del rulo puede realizarse en septiembre.

- **3.6 Noviembre y Diciembre.**

En estos últimos meses, tendremos la gran mayoría de las aceitunas con el cambio de color, del color verde al morado oscuro. Se aplican abonos NPK con mucho potasio. Llega el momento de recoger los frutos después de un año entero.

EL OLIVO: TRADICIÓN, CULTURA Y MOTOR ECONÓMICO DE NUESTRA TIERRA.

4. LA EXTRACCIÓN DEL ACEITE: ALMAZARA TRADICIONAL Y MODERNA.

Antes de comenzar me gustaría comentar que, para una mayor organización he decidido separar el punto en dos apartados: **Almazara tradicional (4.1)** y **Almazara modera (4.2)**.

4.1. Extracción Tradicional.

La extracción del aceite de oliva tanto de manera tradicional como moderna es el proceso en el cual se separa el aceite, el agua vegetal del hueso y la pulpa del fruto. Lo primero que hay que realizar para la extracción es lavar las  aceitunas para que haya menos contaminantes, principalmente el suelo que puede crear un sabor peculiar llamado "sabor suelo".

El método tradicional se ha usado durante miles y miles de años, desde los griegos que comenzaron hace más de 5000 años.

El sistema tradicional de extracción de aceite de oliva lo podemos dividir en tres fases distintas, que, a su vez, son imprescindibles:

1. **Molienda:** Se prepara la pasta.

2. **Prensado:** Se separa la parte líquida y sólida (orujo).

3. **Decantación**: Se separa el accite del agua de vegetación (alpechín).

A continuación, procedo a explicar y detallar cada una de estas.

<u>*Molienda:*</u>
Las aceitunas se muelen usando grandes piedras de molino. La pasta se mantiene debajo

de las piedras sobre unos treinta o cuarenta minutos para garantizar que las aceitunas estén bien molidas, para que el aceite desprendido se junte y para que las enzimas del fruto produzcan los olores y sabores del aceite.

Prensado:

Es la siguiente fase después de la molienda, la pasta de las olivas se extiende sobre unos discos de fibras. Antes antiguamente los discos estaban hechos de fibras de coco o cáñamo, hoy en día están hechas de forma sintética para facilitar su mantenimiento. Se apilan unos encima de otros y se colocan en la prensa hidráulica. Se presionan los discos, compactando la parte que está sólida de la masa y también se infiltra la parte líquida que es el aceite y el agua vegetal. Para facilitar el proceso de separación del aceite y el agua vegetal, el agua cae por los lados de los discos y así aumenta la velocidad de percolación.

Decantación:

En la última fase es el momento de separar el aceite y el agua a través de decantación o por centrifugación vertical que es muy rápida.

Después de cada extracción se deben higienizar los discos, porque si no se limpian contaminarán el aceite de oliva en la próxima extracción. La ventaja de este proceso es que se muelen mejor la olivas y se reducen la liberación de enzimas en la oxidación del aceite. Cada vez se utiliza menos el sistema tradicional, ya que necesita de un mayor esfuerzo manual y se tarda más tiempo. También se debe a la calidad del producto y al control alimentario.

Aunque hablemos de técnicas tradicionales, aquí, también contamos con maquinaria, aunque más rudimentaria. A continuación, vamos a hablar se ella:

- ❖ **_Rulo:_** descansa sobre la solera y evita el deslizamiento, se disminuían las resistencias pasivas del rulo y se trituraba la aceituna.

- ❖ *__Alfarje:__* es un mecanismo que en los molinos de aceitunas se encarga de moler las olivas.

- ❖ *__Tolva:__* caja con forma de cono puesto del revés, que está abierta por la parte de debajo donde se echan los granos para ser molidos, triturados o limpiados.

- ❖ *__Viga:__* es una prensa a la que se carga con pesos en uno de sus lados para que, cuando uno este abajo comprima las aceitunas ya molidas.

- ❖ *__Rueda Catalina:__* Se une al eje mediante cuñas. Es una rueda de gran tamaño de madera que la encontramos en vertical. Está formada por cuarenta dientes, eran de roble.

- ❖ *__Malacate:__* su función es transmitir el movimiento al eje o árbol al que estaban unidos los rulos. La parte de arriba del olivo se enganchaba en la viga.

EL OLIVO: TRADICIÓN, CULTURA Y MOTOR ECONÓMICO DE NUESTRA TIERRA.

4.2. Extracción moderna

La extracción moderna tiene como objetivo principal elaborar la cantidad máxima de aceite de buena calidad.  Realizan los mismos procesos de molturación y extracción del aceite que en el sistema de extracción tradicional: rompe la oliva para obtener el aceite que se encuentra en el fruto y separa el aceite del de vegetación y la parte sólida.

Se pueden clasificar en sistemas continuos de tres y dos fases:

> ➢ En el sistema de tres fases se le añade agua a la pasta que ha pasado antes por el proceso de molturación, la separación por centrifugación da lugar a el aceite, orujo y alpechín.

> ➢ En el de dos fases no se agrega agua y por

la centrifugación solo obtenemos aceite y alperujo, con este sistema ahorramos agua por lo que es de menor coste.

Consta de los siguientes pasos a pesar del número de fases:

1) Limpiar y lavar las aceitunas.
2) Preparación de la pasta por molturación.
3) Extraer el aceite por termo batido, centrifugación o decantación dependiendo de cada caso.
4) Almacenar lo obtenido en depósitos.

Después de estos pasos es el momento de transportarlo y de que sea envasado para que pueda ser distribuido y consumido por la población.

Antes de la extracción del aceite, se acondiciona la oliva para que llegue limpia y en el mejor estado posible a la molturación. Llegan las aceitunas a una tolva, en este caso, llamada tolva de recepción, las olivas pasan a través de cintas transportadoras a la limpiadora y a la despalilladora que sirve para quitar las piedras y hojas, después van a la lavadora donde las olivas son lavadas para eliminar el polvo y el barro que tengan.

Cuando están limpias se llevan a la báscula y son pesadas para obtener muestras que ayuden al análisis y a la trazabilidad, dependiendo del peso de la aceituna se le pagará un precio u otro al agricultor por las aceitunas. De estar en la báscula pasan a la tolva de almacenamiento para realizar la molturación. No se debe de almacenar mucho tiempo y como máximo, se pueden almacenar 24 horas para evitar que disminuya la calidad del producto por la fermentación de esta.

Molturación

En esta fase se rompe la oliva a través de unos martillos de metal inerte, posiblemente de acero. En cambio, en el sistema tradicional esta fase se realizaba con los molinos de piedra.

El diámetro de paso de la criba afecta en la

salida del aceite del aceite de oliva y en el rendimiento en aceite de la aceituna molturada y afecta también al tiempo de molturado.

El siguiente paso es el batido debido a que la molturación se hace a gran velocidad y dispersa gotas de aceite en la pasta y el tamaño no es adecuado para realizar directamente la extracción, con este paso se reúnen las gotas en otras de mayor tamaño y así es más fácil la extracción.

Batido

Las batidoras son depósitos colocados de manera horizontal o vertical que se encargan de calentar y voltear la masa para propiciar la agregación de las gotas por fricción y con esto resulta más sencillo la extracción. Dependiendo de algunos factores, se puede utilizar micro talco natural y otras sustancias que mejoran las propiedades de estas pastas y se añaden al comienzo del batido. Durante esta fase se añade el agua en los casos de sistemas continuos de tres fases, que ya he mencionado.

Centrífuga horizontal o decanter.

Esta máquina pone en rotación la masa que ya ha sido batida, por lo que el aceite de oliva virgen, menos denso que el agua, la piel, la pulpa y el hueso, componen un anillo central que sale de forma independiente del resto de anillos que en su salida del decanter. En el sistema de tres fases el decanter tiene salida para sólidos líquidos y el aceite. En el de dos fases el decanter tiene salida de alperujo y de aceite.

Centrífuga vertical.

El aceite salido del decanter presenta un elevado porcentaje de pulpa y humedad, entonces es sometido a una segunda centrifugación. Se aplica agua en la zona central y por acción de la fuerza  centrífuga, el anillo es atravesado de aceite de oliva virgen exterior y arrastra muchas impurezas. En el sistema tradicional esta separación de líquidos solo se realizaba por decantación mientras que en el sistema moderno se puede unir la centrífuga vertical con la decantación o solo la primera.

La decantación se deja en reposo en unos depósitos para que el mosto oleoso que hemos obtenido en las demás fases para que las distintas partículas y líquidos sean depositados en el fondo cónico de los depósitos utilizados en decantación y se extraigan habiendo solo en la parte superior aceite.

Una vez ya extraído el aceite, este, necesita ser almacenado en la almazara, debe estar alejado del contacto con luz, calor, temperaturas distintas o incluso el oxígeno del aire. Son almacenados en enormes depósitos compuestos por acero inoxidable, usualmente 50.000 kilos por depósito, estos se llenan enteros y se purgan por diferentes gases no oxidantes para conservar el aceite de la mejor forma posible.

Al salir el aceite de la almazara es transportado a envasadoras o a refinerías y se filtra normalmente antes de ser envasado porque tiene un aspecto poco atractivo para los consumidores por las partículas que hay en suspensión.

Maquinaria utilizada en la extracción moderna:

Utilizamos tolvas de recepción, cintas transportadoras, limpiadoras, lavadoras de aceitunas, tolvas de almacenamiento, batidoras y centrifugas verticales.

5. DESARROLLO SOSTENIBLE: SUBPRODUCTOS DE LA EXTRACCIÓN Y TRATAMIENTO ECOLÓGICO.

He podido descubrir e investigar acerca de los diferentes subproductos que podemos obtener de esta rica y diversa especie. A continuación, procedo a nombrar algunos de estos productos:

❖ *Madera de olivo.*

Se utiliza para:

✓ Durante mucho tiempo las ramas se ha utilizado como un buen combustible. *(Biocombustible).*

✓ Con las ramas más gruesas se han empleado para obtener leña y con las más pequeñas picón para utilizarlo en los hogares. *(Braseros).*

✓ La madera del *tronco* y la de la *cepa* es muy importante en la artesanía tanto por su dureza como su color.

❖ **Aprovechamiento de los orujos:**

El orujo se utiliza:

✓ Como combustible:

> ➢ Se emplea, la mayor cantidad de estas pastas, en el calentamiento del agua, de la paila y en los calefactores vapor para calentar calderas.

✓ Como abono

✓ Como alimentación animal:

> ➢ Los orujos se mezclan con salvado, tienen que estar muy bien molidos para no dañar la dentadura de los animales que se alimentan de estos, usualmente los cerdos o las aves de corral.

❖ Aprovechamiento del hueso

- El hueso de la aceituna es habitualmente utilizado como uno de los mejores biocombustibles para la propia almazara, calderas, chimeneas estufas…

- El hueso se utiliza para rellenar pequeñas almohadas que después se usan para tratar dolores articulares y musculares, debido a su alto poder calorífico y antinflamatorio.

❖ Aprovechamiento del alpechín:

➢ El alpechín es un excelente abono, hay que saber emplearlo de forma correcta ya que en estado natural estropea las plantas.

❖ **Aprovechamiento del alperujo:**

✓ Se emplea como combustible, a través de un proceso de secado.

✓ Puede utilizarse como alimento para el animal.

✓ Es un fertilizante agrícola.

✓ El hueso del alperujo se emplea como materia prima.

❖ Hojas.

Se utilizan para:

- Tienen usos terapéuticos en la hipertensión, arteriosclerosis y diabetes.

- Se utilizan en infusión junto con la corteza también debido a que tienen las mismas propiedades.

- Se elaboran preparados astringentes, reducen las secreciones y favorecen la cicatrización de heridas.

- Se usa en la medicina homeopática, en el tratamiento de la hipertensión.

- De forma tradicional, los agricultores daban a su ganado las hojas procedentes de la poda, debido a que tienen una composición similar a la del heno.

- Se puede utilizar como harina.

¿Qué es tratamiento ecológico?

Consiste en cultivar el olivar sin utilizar fertilizantes inorgánicos, pesticidas, herbicidas; en su lugar se usan tratamientos biológicos para combatir plagas y enfermedades.

6. TIPOLOGÍA DE ACEITES DE OLIVA.

Si en el punto 2, hablábamos de los diferentes tipos de olivos y las diversas variedades de aceitunas. En este comentaremos las diversas clases que podemos encontrar de nuestro querido oro líquido.

✥ Aceites de oliva vírgenes, obtenidos solo mediante procesos mecánicos

Estos tipos de aceites son los más naturales, son como un zumo exprimido sin la utilización de ningún producto químico para obtenerlo. Se elaboran en las almazaras o molinos de aceite. Son tres tipos, en función de su calidad. De mayor a menor calidad son:

❖ <u>Aceite de oliva virgen extra</u>.

El aceite de oliva virgen extra es un líquido a temperatura ambiente que es el aceite de oliva virgen de mayor calidad entre todos los tipos. Es imprescindible en la cata y es el más natural. Forma parte de una dieta saludable. No se mezcla con ningún otro aceite y no tiene ni aditivos ni conservantes, es natural.

- Para que un aceite de oliva virgen se considere extra debe cumplir dos condiciones:
  - Una de carácter químico, resumido en el porcentaje de acidez.
  - Otro de carácter organoléptico que es comprobado en la cata.

❖ <u>Aceite de oliva virgen</u>.

El aceite de oliva virgen es el segundo de mayor calidad justos después que le aceite de oliva virgen extra que he mencionado anteriormente. Es necesario su conservación a temperatura ambiente. Mezcla de aceite refinado y aceite virgen. No tiene aditivos ni conservantes porque es un zumo de aceitunas.

✓ Para clasificarlo debe cumplir dos condiciones:
1. Su acidez debe ser menor o igual a 2º.

2. En una cata, la mediana del defecto debe ser menor o igual a 2,5 y la mediana del frutado debe ser mayor que cero.

❖ <u>Aceite de oliva virgen lampante</u>:
El aceite de oliva lampante es el aceite de peor

calidad. Tienen mucha acidez, y un sabor y olor desagradable por lo que impide ser consumido. Procede de aceitunas en mal estado y normalmente tiene un color distinto al verde y al dorado típico. El nombre lampante viene de su uso en lámparas de aceite como combustible. Está prohibida su comercialización para el consumo. Es necesario refinarlo.

- ✓ Un aceite será lampante cuando cumpla las siguientes estas características:
  o Su acidez es mayor que 2°.
  o En cata, la mediana de los defectos es mayor que 2,5 y la mediana del frutado es igual a cero.

Aceite de oliva extraído mediante procesos químicos:

Se extrae del residuo alperujo, contiene aceite en su interior, se extrae con disolventes en las orujeras y es denominado Aceite de Orujo de Oliva crudo. Está prohibida su venta, hay que refinarlo antes de usarlo.

Aceite de oliva refinado:

El aceite de oliva refinado es un zumo de aceitunas

de menor calidad que los ya mencionados. Para que sean aptos para su consumo, el aceite de oliva lampante, de donde proviene, debe experimentar una serie de procesos para eliminar sus deficientes características.

Aceites mono-varietales

Son aquellos que se obtienen a partir de una única variedad de aceituna para lograr sabores y aromas únicos.

Aceite de oliva virgen fino

Aceite de buena calidad, pero muy distinta al aceite de oliva virgen extra ya que no poseen las mismas propiedades. Destaca por tener un color más dorado.

Aceite de oliva virgen ordinario

Puede ser consumido por la población, su concentración en ácido oleico supera el 3%, por lo que sus propiedades organolépticas o de sabor son escasas.

Aceite de orujo de oliva

En la elaboración de este aceite se utiliza el hueso de las aceitunas, se prensa y tritura para aplicarle distintos agentes químicos. Este proceso aumenta la producción de aceite, puede ser consumido y normalmente se mezcla con otros aceite de oliva virgen.

7. LA CATA COMO ELEMENTO ESENCIAL DE CLASIFICACIÓN Y MARIDAJE.

La cata de nuestro querido producto *(Oro líquido)*, permite dar a conocer sus propiedades a nuestros sentido, involucrando principalmente al gusto y al olfato en una experiencia atípica.

Los expertos se ayudan de este bello proceso (además de pruebas en laboratorios), para clasificar el tipo de aceite que tienen ante ellos. Apreciarán la amargura, la acidez, el olor y darán un veredicto que determinará la variedad de aceite. En el anterior punto hemos mencionado numerosas variantes de nuestro producto. Tal vez has notado que, a simple vista, todos los aceites pueden parecer iguales, salvo por algunos matices como, por ejemplo, su color su brillo... En cambio, es en ese momento, cuando destapamos el recipiente, cerramos los ojos, olemos y degustamos, cuando realmente estamos apreciando las diferencias entre cada una de las múltiples opciones, que, a simple vista se nos presentaban.

Por lo tanto, puedo asegurar que, tras mis investigaciones, he aprendido que de no ser por profesionales que se dedican a este sector y se encuentran constantemente estudiando variedades y tipos de este rico manjar a través de instrumentos como los análisis o la cata, no lo podríamos disfrutar.

A continuación, he querido buscar una manera de representar gráficamente los pasos para realizar una buena cata de aceite, en este caso representa la de un AOVE*: *Aceite de oliva virgen extra.
El recipiente que se muestra en la ilustración es el reglamentario empleado en las catas. Para

que el aceite no pierda sus propiedades, antes de cada una de estas el oro líquido es tapado con un pequeño cilindro de vidrio.

La cata se divide en tres fases: **visual, olfativa y gustativa.**

Un buen catador de AOVE tiene que saber donde puede divisar los matices: en la parte frontal de la boca tendremos los gustos dulces; en la parte posterior de nuestra lengua nos podemos encontrar las notas amargas y en la garganta notaremos los gustos picantes y el cuerpo.

Además de ser empleadas para la clasificación, las catas también se utilizan para combinar productos con el aceite, esta acción/proceso recibe el nombre de maridaje.

A continuación, voy a enumerar una lista con aquellos alimentos cuyo maridaje con el aceite de oliva resulta ser exquisito:

- Queso parmesano: este queso italiano es ideal para el maridaje con aceite de oliva virgen extra en su uso rallado o gratinado.

- Queso emmental: es un queso de origen suizo parecido al gruyer es excelente para el maridaje con el aceite de oliva virgen extra.

🞧 Los vegetales con el aceite de oliva virgen extra-picual son una gran combinación para nuestro cuerpo, son capaces de aportarnos grasas saludables para nuestro organismo. Algunos vegetales con los que se consigue un maridaje único son:
✓ Patatas, zanahorias, trufa blanca, pimienta, calabaza.

🞧 El maridaje con aceite de oliva virgen extra-picual en los postres aporta a nuestros dulces y pasteles una textura ideal para nuestro paladar. Los postres

que mejor combinan son:
- ✓ Tostadas, pastel de arroz, tortitas de maíz, pan de trigo.

✤ También podemos obtener un maridaje perfecto combinando productos de mar, los más destacados son:
- ✓ Vieiras, sardinas, caviar, sepia, camarón.

✤ El maridaje con aceite de oliva virgen extra y carnes es perfecto para un cocinado sorprendente, los tipos de carnes para un maridaje increible son:
- ✓ Pollo, bacon, entrecot, solomillo, pato de Pekín, jamón.

Ahora, he considerado oportuno realiza una enumeración y explicación de los maridajes con cada variedad de aceite de oliva:

❖ <u>Aceite de Oliva Virgen Extra- variedad Picual</u>

Maridaje: Mejora el gusto de jamones ibéricos, cecinas, quesos y embutidos. También es una opción para las ensaladas con mucho vinagre.

❖ Aceite de Oliva Virgen Extra-
variedad Cornicabra

Maridaje: Su ligero picor y aroma a hierbas potencia el sabor de asados de cordero, de cochinillo, o de pavo, así como el salmón o el bacalao. También se usa para cocinar huevos con setas

❖ Aceite de Oliva Virgen Extra-
variedad Arbequina

Maridaje: se utiliza con los pescados o mariscos (cocidos o a la plancha) y con las ensaladas de frutas. Es perfecto para los postres que utilizan aceite.

❖ Aceite de Oliva Virgen Extra-
variedad Manzanilla

Maridaje: Se usa en preparados como las ensaladas o las tostadas. Muy adecuado para las frituras sabor es muy afrutado y evoca el sabor de la aceituna. También es utilizado para recetas como el bacalao o el salón, se suele echar un chorro de este tipo de aceite en cremas y purés.

❖ <u>Aceite de Oliva Virgen Extra-
   variedad Hojiblanca</u>
Maridaje: potencia el sabor de pescados azules, como el salmón o el atún, al igual que un chuletón o un solomillo de vacuno. En una tostada y una ensalada se pueden apreciar todos sus matices
El plato donde el aceite de oliva virgen extra alcanza su mayor expresión es la pipirrana, plato típico de la provincia de Jaén.

8. USOS DEL ACEITE DE OLIVA.

Tras una larga investigación sobre nuestro querido producto, que es sin duda, una joya de nuestra provincia. Podemos deducir de con una gran certeza, sus usos mayoritarios. Sin embargo, quizás no los conocemos todos por ello he realizado una serie de listas en las que aclaro los empleos de este manjar.

❖ Usos habituales
- Aliño de ensaladas y carnes.
- Ingrediente en salsas.
- Para freír.
- Acompañamiento con pan.
- Conservante.
- Repostería.

Estos usos se acompañan de otros de lo que quizás no estemos tan seguros de conocer:

- ❖ El aceite de oliva en la salud
  - Reduce el riesgo de enfermedades cardiovasculares.
  - Disminuye el colesterol malo y ayuda a aumentar el bueno.
  - Mejora el tránsito intestinal ayuda a reducir el mal aliento.
  - Protector gástrico. (Remedio casero tradicional).
  - Investigaciones aseguran a que su uso podría ayudar a disminuir ciertos tipos de cáncer.

- ❖ El aceite de oliva en la belleza, la cosmética y la higiene.
  - Fabricación de jabones, cremas y geles.
  - Hidratante de la piel.
  - Hidratar y nutrir el pelo.
  - Se unta sobre la piel después de una quemadura. (Remedio casero tradicional).
  - Extracción de astillas, aguijones,

espinillas del organismo.

❖ El aceite de oliva en la religión cristiana.

- Importante en textos bíblicos del antiguo y nuevos testamento.
- Base de los Santos Óleos, es usado en diferentes sacramentos. (U. de enfermos, Bautismo, Confirmación) En estos últimos el producto se localiza en el Crisma.

❖ Otros usos del aceite de oliva
- Protector de metales frente a la oxidación.
- Lubricante (Bisagras, mecanismos de bicicletas…)
- Combustible. (Lámparas…) (En la antigüedad).

9. EL COMERCIO DEL ACEITE; MÁRQUETIN, DIVULGACIÓN, TRANSPORTE, PUBLICIDAD Y MARCAS.

El comercio del aceite es un tarea en la que numerosos agentes se encuentran involucrados. Son necesarios numerosos profesionales que sean capaces de afrontar las numerosas áreas que abarcan esta compleja tarea.

El **marketing (publicidad)** es una labor que requiere de profesionales del sector que asesoren al interesado en ideas y diseños, pues este mundo es mucho más complejo de lo que puede parecer. Para que un producto de una imagen atractiva el público es necesario que sea original e innovador.

Una estrategia muy reconocida por los expertos es conseguir que tu producto forme parte o pertenezca a una "**Denominación de origen**". Esto ayudará a relacionar el producto con el lugar geográfico al que pertenece. Además de ser un distintivo que permite al consumidor diferenciar y dotar de honor a ese producto, es una manera de proteger legalmente a ese producto, evitando posibles plagios o falsas atribuciones geográficas que den lugar a una competitividad sucia.

Otra técnica que podemos emplear es proporcionar a nuestro aceite propiedades ecológicas. Hoy en día aquellos productos que han sido tratados de manera natural reciben mucha más admiración. Otra idea que podemos poner en práctica es, simplemente, plasmar un diseño original en nuestro embotellado, tal y como vemos en la imagen. Esto provocarán en el posible comprador sorpresa y habrá más posibilidades de compra, según muchos expertos en el tema.

Como siempre, saber que las redes sociales siempre están muy presentes cuando hablamos de técnica para fomentar la venta. Una buena campaña en redes sociales y saber llegar al público correcto, son, claramente, la mejor forma de fomentar la venta.

En cuanto **al consumo de aceite de oliva en el mundo,** tan solo el 3% de los aceites que se consumen en el mundo son de oliva. En gran parte, podemos justificar esto en el hecho de que todavía hay muchos países en los que se desconoce la existencia y perfección de este aceite frente a otros muchas veces más baratos. En cambio, en los últimos años se ha incrementado considerablemente, la compra del oro líquido en países como China, Australia o Reino Unido. El mundo está comenzando a conocer los beneficios de este aceite frente a otros muchos. España produce casi la mitad del consumo mundial seguido de países mediterráneos como Italia, Túnez y Grecia.

Sin nos fijamos **en el transporte y distribución de este producto** podemos darnos cuenta de que solo un 2% se compra directamente en cooperativas. El resto se distribuye a través de super/hipermercados que compran a granel el producto, lo almacenan y lo venden a un precio más caro al que lo han comprado en cooperativas. Grandes marcas de supermercados Españoles se llevan la medalla de oro en cuanto a los beneficios obtenido por la venta de este producto. Estas reciben mucho más dinero que los agricultores, algo que ha despertado a la sociedad que recientemente ha estado protestando en numerosas manifestaciones a lo largo y ancho del país.

Si hablamos de **marcas**, podemos encontrar infinitas, sin embargo, he querido plasmar, en el siguiente apartado, las más representativas:

EL OLIVO: TRADICIÓN, CULTURA Y MOTOR ECONÓMICO DE NUESTRA TIERRA.

10. MEDIO AMBIENTE Y RESPETO AL ENTORNO: EL ECOSISTEMA DEL OLIVAR, UN BIEN A PROTEGER. CULTIVO TRADICIONAL-ECOLÓGICO Y CULTIVO MASIVO.

Obviamente, nuestro olivar es un bien muy preciado que debemos de cuidar y mimar. De no ser por él no podríamos disfrutar, de nuestros bienes agrícolas más preciados a nivel provincial. Por ello, debemos de concienciar a la más empresas y a los agricultores para que realicen un cultivo ecológico-responsable, sin alterar grandes cantidades de terreno dejando atrás una labranza masiva en la que, seguramente, no estemos respetando nuestro alrededor, es decir, el ecosistema que nos rodea.

Según datos compulsados por la Junta de Andalucía, las labores humanas han dado lugar a una disminución de los recursos de la tierra en nuestro planeta. Está degradación de los recursos viene justificada por una mala gestión del terreno que produce disminución de nutrientes, erosión, compactación física y, por último, salinización.

Pero... ¿Por qué nuestras tierras están disminuyendo su rendimiento?

Podemos divisar 4 razones principales:

1. Degradación de la arquitectura del suelo.
2. Disminución de la cantidad de materia orgánica.
3. Disminución del porcentaje del suelo.
4. Pérdida de nutrientes.

Además, la contaminación de la tierra se produce en gran parte, por la acción de fertilizantes cuyos elementos secundarios son absorbidos debido a el complejo arcillo-húmico del suelo, lo que origina su contaminación y la pérdida de sus propiedades físicas y químicas.

No solo encontramos problemas relacionados

con el suelo, sino que también podemos encontrar deficiencias relacionadas con el riego originadas por la contaminación de las aguas causada, en mayor medida, por los nitratos. El exceso de nitratos en el agua potable podría ser perjudicial para la salud de personas y animales, y aunque aún no se ha podido demostrar claramente las relaciones causales, los efectos podrían ser graves, como metahemoglobina y cáncer de estómago.

Cuando hablamos de la velocidad de cultivo, nos referimos también a la cantidad de fruto que el agricultor/es quieren producir durante una o varias cosechas. Ya hemos visto algunos de los numerosos condicionantes que  provocan que nuestro olivar, poco a poco, se vaya degradando. Sin embargo, ¿Podrá tener algo que vez velocidad y/o cantidad de cosecha que tengamos en la alteración del medio ambiente? Según diferentes estudios, en función la cantidad de olivos que tengamos plantados en un terreno, la calidad de la aceituna será mayor o menor, ya que, si lo pensamos bien, las plantas no podrán nutrirse y exprimir los recursos de la misma manera. Debido a que, a más cantidad de olivos, menos nutrientes, agua... le tocarán a cada uno.

Por otra parte, hoy en día se están haciendo muy populares las plantaciones de olivo intensivo/ frente a las del tradicional. Presentan, quizás, un aumento en la calidad y la rentabilidad. Pero lo inconvenientes también están presentes. Nos encontramos con un poca duración de los cultivos, por no hablar de los problemas de ventilación e iluminación que los hacen candidatos a sufrir más enfermedades. Contribuye en la contaminación de nuestro medioambiente.

Pienso que, para lo que acabo de explicar, es necesario, la siguiente frase:

"La avaricia rompe el saco"

ACERCA DEL AUTOR

Antonio Expósito (2005), es un joven escritor. Nació en la ciudad de Jaén, donde reside actualmente. Antonio ama la investigación y la divulgación sobre cualquier tema de interés común. Actualmente estudia en un instituto Marista. En esta obra, el autor ha querido transmitir conocimientos relacionados con lo más prestigioso de su tierra, el **olivar**.

Además de este escrito, el autor ya ha realizado numerosos ensayos y relatos de carácter académico, siendo "En busca de una vida digna", una pequeña pero intensa historia relacionada con el mundo de la inmigración, su primera obra publicada (en 2019).

www.ingramcontent.com/pod-product-compliance
Lightning Source LLC
Chambersburg PA
CBHW040225220526
45473CB00001B/121